BEI GRIN MACHT SICH IHR WISSEN BEZAHLT

AF143689

- Wir veröffentlichen Ihre Hausarbeit,
  Bachelor- und Masterarbeit

- Ihr eigenes eBook und Buch -
  weltweit in allen wichtigen Shops

- Verdienen Sie an jedem Verkauf

Jetzt bei www.GRIN.com hochladen und kostenlos publizieren

Anonym

Formen der Beobachtung - (teilnehmend/nicht-teilneh-mend)

GRIN Verlag

Bibliografische Information der Deutschen Nationalbibliothek:

Die Deutsche Bibliothek verzeichnet diese Publikation in der Deutschen National-
bibliografie; detaillierte bibliografische Daten sind im Internet über http://dnb.d-
nb.de/ abrufbar.

Impressum:

Copyright © 2010 GRIN Verlag GmbH
Druck und Bindung: Books on Demand GmbH, Norderstedt Germany
ISBN: 978-3-656-24706-7

Dieses Buch bei GRIN:

http://www.grin.com/de/e-book/198189/formen-der-beobachtung-teilnehmend-
nicht-teilnehmend

GRIN - Your knowledge has value

Der GRIN Verlag publiziert seit 1998 wissenschaftliche Arbeiten von Studenten, Hochschullehrern und anderen Akademikern als eBook und gedrucktes Buch. Die Verlagswebsite www.grin.com ist die ideale Plattform zur Veröffentlichung von Hausarbeiten, Abschlussarbeiten, wissenschaftlichen Aufsätzen, Dissertationen und Fachbüchern.

Besuchen Sie uns im Internet:

http://www.grin.com/

http://www.facebook.com/grincom

http://www.twitter.com/grin_com

RWTH Aachen   15.04.2010

Geographisches Institut

Empirische Methoden der Human- bzw. Witschaftsgeographie

SS 2010

Seminararbeit

Formen der Beobachtung

(teilnehmend/ nicht- teilnehmend)

4.Semester

Studium: B.Sc. Angewandte Geographie

Inhaltsverzeichnis

1 Einleitung

Der Mensch beobachtet in seinem sozialen Leben täglich seine Umwelt und seine Mitmenschen, die Ihn umgeben. Dadurch verschafft er sich eine Rekonstruktion der Wirklichkeit, die er für sich individuell interpretiert und bewertet. Durch die eigene Kultur und Wertevorstellung selektiert er dabei die Wahrnehmung und kommt somit zu einem eigenen Bild der Wirklichkeit. Dabei kann eine selbe Situation von verschiedenen Beobachtern völlig anders wahrgenommen und interpretiert werden. So fällt beispielsweise die Bewertung eines Abends mit Freunden durchaus unterschiedlich zwischen den Anwesenden aus. Der eine empfand den gemeinsamen Abend beispielsweise als angenehm, wohingegen der andere durch eine bestimmte Situation die Stimmung als angespannt oder auch für sich persönlich als bedrohlich empfand. Daraus resultierend bewerten die zwei Personen in diesem Beispiel Beobachtungen, die beide an diesem Abend gemacht haben, völlig unterschiedlich.

Dieses kleine Beispiel zeigt die Problematik des Themas. Um die Kriterien einer wissenschaftlichen Beobachtung erfüllen zu können, muss eine gewisse Objektivität entstehen, welche es ermöglicht, Beobachtungen von verschiedenen Beobachtern zu vergleichen und auch zusammenfassen zu können. Zudem ist der Anspruch der objektiven Richtigkeit der Beobachtung zu gewährleisten.

Die vorliegende Seminararbeit soll versuchen, Kriterien für eine wissenschaftlich anwendbare Beobachtung zu formulieren. Dabei sollen zudem verschiedene Formen der Beobachtung erläutert werden, was jedoch aufgrund des Umfanges der Arbeit nur auf den Aspekt der strukturierten bzw. unstrukturierten und der teilnehmenden bzw. nicht- teilnehmenden Beobachtung ausgedehnt werden kann.

Trotzdem soll versucht werden, die Beobachtung schlussendlich in das Themengebiet der empirischen Methoden einzusortieren und den Stellenwert in diesem System zu bewerten.

2. Formen der Beobachtung

Wie das kleine Beispiel aus der Einleitung verdeutlicht, ist es notwendig, den ‚alltäglichen' Begriff der Beobachtung zunächst zu definieren:

Die Beobachtung lässt sich dabei in den übergeordneten Begriff der Wahrnehmung eingruppieren (vgl. Sumaski 1977: 45). Unter dem Begriff Wahrnehmen kann man dabei die allgemeine, menschliche, auch unbewusste Aufnahme der Umwelt verstehen, bei der alle Sinnesorgane beteiligt sein können. Erregt nun etwas die Aufmerksamkeit der wahrnehmenden Person, wird aus einem generellen Wahrnehmen schnell das selektive Beobachten beispielsweise einer anderen Person. Dieses kann an allen Orten des menschlichen Zusammenlebends geschehen.

Ein Beispiel: In einem Cafe auf einem Marktplatz sitzen zwei Personen an einem Tisch und trinken zusammen einen Kaffee. Sie nehmen die Umwelt um sich herum wahr, sie hören beispielsweise die Geräusche der Stadt, riechen den Frühling und wärmen ihre Hände an der Cafetasse. Durch einen Streit am Nachbartisch wird nun die Wahrnehmung der beiden Personen auf den Nachbartisch konzentriert. Der Streit wird nun von unseren beiden Personen beobachtet. Somit ändert sich das „beiläufige und zufällige Wahrnehmungsverhalten [...] augenblicklich [zu einem] beobachtenden Verhalten" (Sumaski 1977: 45).

An diesem Beispiel erkennt man den schnellen Übergang vom thematisch übergeordneten Begriff des Wahrnehmens, hin zu einer Beobachtung, bei der „sinnlich wahrnehmbare Tatbestände und Prozesse" (Atteslander 1975: 136) im Mittelpunkt stehen.

So lässt sich die Beobachtung als das „Erfassen von Ablauf und Bedeutung einzelner Handlungszusammenhänge" (Kromrey 2000: 323) charakterisieren, die sich während eines Beobachtens ständig verändern können. Dabei „können neben verbalen Aussagen auch nonverbale Signale sowie Kontextbedingungen und Verläufe sozialer Interaktion in den Fokus der Datenerhebung aufgenommen werden" (Seipel/ Rieker 2003: 156).

2.1 Abgrenzung zwischen naiver und wissenschaftlicher Beobachtung

„Die Beobachtung ist gleichzeitig das primitivste wie auch modernste Mittel der Forschung" (Atteslander 1975: 137). Der Mensch beobachtet alltäglich (naiv) seine Umwelt. Diese Tatsache macht es notwendig, zwischen einer alltäglichen und einer wissenschaftlichen Beobachtung zu unterscheiden. Dabei ist die alltägliche, zufällige Beobachtung eines neuen Phänomens (beispielsweise unbekanntes soziales Verhalten) häufig der Ausgangspunkt für ein neues Forschungsthema, wodurch der naiv beobachtete Sachverhalt zum Forschungsmittelpunkt wird (Häder 2008: 298) (vgl. Abb. 1).

Aus der (Gelegenheits-) Beobachtung kann der Forscher erste Hypothesen oder Gedanken formulieren, welche daraufhin durch wissenschaftlich anerkannte Methoden verfestigt oder wieder verworfen werden können (vgl. Sumaski 1977: 47) (Abb.1). Da „nur wer eine konkrete Frage hat, eine Hypothese prüft, einer Zusammenhangsvermutung nachgeht, [...] Wissenschaft" (Greve/ Wentura 1991: 18) betreibt, ist diese Hypothese der Ausgangspunkt für eine wissenschaftliche Beobachtung.

Um die so aufgestellte Hypothese nun wissenschaftlich korrekt zu überprüfen, muss es gewisse Standards geben, die zu einer Abgrenzung zwischen einer im Alltag getroffenen Beobachtung und einer wissenschaftlichen Beobachtung führen (vgl. Atteslander 2008: 67). Im Zentrum dabei steht die systematische Beobachtung, also die geplante, kontrollierte, einer bestimmten Fragestellung folgende und nicht dem Zufall überlassene Beobachtung (vgl. Greve/ Wentura 1991: 18; Sumaski 1977: 46).

Abb. 1: Systematik der Beobachtungsformen

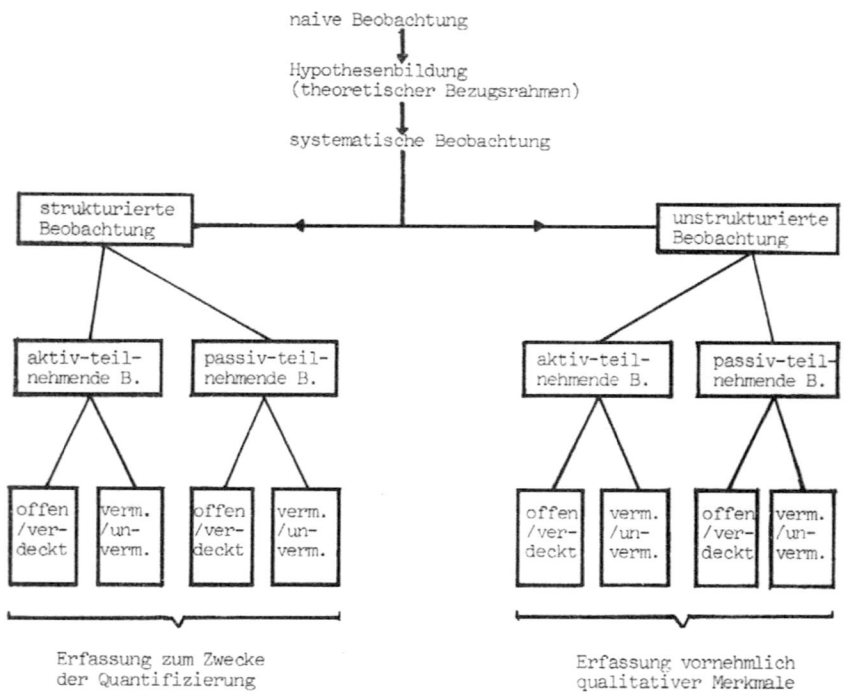

Quelle: Sumaski 1977: 49.

Zu den zwei bereits erläuterten Kriterien (Hypothesenüberprüfung sowie systematische Planung) stellt Atteslander zwei weitere Kriterien auf, die notwendig sind, um aus einer Beobachtung eine wissenschaftliche Methode zu machen. Zum einen ist eine systematische Aufzeichnung notwendig, zum anderen die Wiederholbarkeit der Beobachtung auch hinsichtlich der allgemeinen Gültigkeit und der Genauigkeit (Atteslander 1975: 141). Die Schwierigkeit bei einer systematischen Aufzeichnung besteht in der Tatsache, dass „die Interpretation des beobachteten Handlungsablaufs [...] vom Beobachter an Ort und Stelle und im gleichen Tempo vorgenommen werden" (Kromrey 2000: 324f.) muss. Daher kommt der vorherigen Kategorisierung des Aufzeichnungsbogens ein hoher Stellenwert zu (vgl. hierzu Kap. 2.2).

Der wissenschaftlichen Beobachtung liegen dabei zwei Probleme zu Grunde, welche es immer zu Beachten gibt: Als erstes Hindernis ist dabei die „selektive Wahrnehmung" (Häder 2008: 299) zu nennen, die aufgrund der Tatsache, dass „es prinzipiell nicht möglich [ist], einen sozialen Sachverhalt in seiner Totalität zu beobachten" (ebd.), von Bedeutung ist. Daher kommt es automatisch zu einer Selektion des beobachteten Objekts durch den Beobachter, was „jeden Beobachtungsvorgang entscheidend beeinflußt" (Sumaski 1997: 46). Das zweite Problem besteht in der „Interpretation von beobachteten Verhaltensweisen, von Symbolen und des geronnenen Verhaltens vor allem in fremden sozialen Milieus" (Häder 2008: 299). Das bedeutet, dass durch die spätere Interpretation und Auslegung der Beobachtung deren Wesensgehalt verfälscht oder nur ungenügend beleuchtet wird. So sind beispielsweise kulturelle Unterschiede für die Analyse von Beobachtungen fremder kultureller Gruppen von großer Bedeutung und müssen unbedingt berücksichtigt werden.

2.2 Strukturierte und unstrukturierte Beobachtung

Wie aus der Abbildung 1 ersichtlich ist, lassen sich die systematischen (wissenschaftlichen) Beobachtungen nochmals in strukturierte und unstrukturierte Beobachtungen unterteilen, wobei beiden Beobachtungsformen den oben angeführten wissenschaftlichen Kriterien zu Grunde liegen.

Die unstrukturierte Beobachtung ist dabei zumeist der strukturierten Beobachtung vorgeschaltet und dient häufig der „Informationsgewinnung und Hypothesenkonstruktion" (Lamnek 1995: 250), da sie „zu einer ersten systematischen Sichtung des Untersuchungsfeldes" (Sumaski 1977: 50) führt. Dabei sind in der Regel nur „grobe Hauptkategorien als Rahmen vorgegeben" (Atteslander 1975: 147), da die zu überprüfende Hypothese während der (unstrukturierten) Beobachtung noch differenziert werden muss. Somit wird der „Verlauf einer unstrukturierten Beobachtung […] durch die Vorgänge im Feld bestimmt" (Atteslander 2008: 82), was die Möglichkeit der Flexibilität und Kreativität seitens des Forschers offen hält, um auf bestimmte beobachtete Phänomene reagieren zu können (vgl. Seipel/ Riekers 2003: 159).

Zu Beginn einer wissenschaftlichen Forschung ist es also sinnvoll, eine unstrukturierte Beobachtung durchzuführen, bei der „bestenfalls grobe Hauptkategorien als Rahmen der Beobachtung" (Lamnek 1995: 250) gewählt werden, um das Beobachtete möglichst detailgetreu wiederzugeben. Die aus einer solchen Beobachtung gezogenen Erkenntnisse können daraufhin für eine strukturierte Beobachtung verwendet werden.

In Abgrenzung zur unstrukturierten Beobachtung muss der letztgenannten eine relativ genaue und detaillierte Hypothese zu Grunde liegen, auf deren Basis nun „genau festgelegte Beobachtungskategorien" (Atteslander 1975: 148) auf zustellten sind. So sind in einem Aufzeichnungsbogen bestenfalls die „Dimensionen, Kategorien und bestimmte Ausprägungen [genau] formuliert" (Siepel/ Rieker 2003: 158). Damit gewährleistet eine strukturierte Beobachtung eine größere Vergleichbarkeit zwischen den unterschiedlichen Beobachtungen der verschiedenen Beobachter. Dadurch können „subjektive Schwerpunktsetzungen durch einzelne Beobachter" (Siepel/ Rieker 2003: 158) verhindert und eine gewisse Objektivität erreicht werden, die eines der wichtigsten Kriterien für eine wissenschaftlich auswertbare Beobachtung ist. Sollten neue Aspekte während der strukturierten Feldarbeit zu beobachten sein, ist es häufig hilfreich, noch einmal die unstrukturierte Beobachtung vorzuschalten, da augenscheinlich Aspekte bei der Struktur der Befragung übersehen wurden. Dadurch besteht ein enger Zusammenhang zwischen der strukturierten und der unstrukturierten Beobachtung.

2.3 Teilnehmende und nicht- teilnehmende Beobachtung

Wie kann nun eine Beobachtung konkret aussehen? Man kann sich zwei Beobachtungsformen vorstellen: In der ersten nimmt der Beobachter nicht aktiv in der beobachteten Gruppe teil, dass heißt er ist nicht integriert in den zu beobachteten Prozess. Dieses ist beispielsweise bei einer Untersuchung der Käuferströme in einer Innenstadt oder bei der Beobachtung von sozialem Verhalten von Kleinkindergruppen sinnvoll. Im Gegensatz dazu steht die aktive Teilnahme in der zu beobachteten Situation.

Atteslander benutzt demgegenüber (teilnehmend und nicht- teilnehmend) die Begriffe der „Beobachtung mit hohem und mit geringerem Partizipationsgrad" (vgl. Atteslander 1975: 150), da er die These aufstellt, dass selbst bei einer reinen Beobachtung der Beobachter Einfluss auf die Situation, oder durch die Interpretation verschiedener Vorgänge beim protokollieren Einfluss auf das Ergebnis nimmt. Diese Auslegung erscheint auch unter dem Aspekt des Beobachters als einen „Mensch mit Gefühlen und Gedanken" (Lamnek 1995: 255) angemessen, da eine absolute Objektivität nicht gewährleistet werden kann. Der Mensch steht ständig in der Gefahr, „von Werten der eigenen Bezugsgruppe auf die untersuchte Gruppe" (Atteslander 1975: 153) zu schließen. Daher ist nach Atteslander eine Differenzierung der Beobachtung anhand des Partizipationsgrades erforderlich, womit es „praktisch [eine] unbegrenzte Anzahl von Zwischenformen" (Atteslander 1975: 154) gibt.

Die Frage, ob der Beobachter an der Interaktion der beobachteten Personen teilnimmt oder nicht (vgl. Schnell et al. 2005: 391) bleibt jedoch bestehen. Dabei haben die beiden Beobachtungsformen jeweils ihre Vor- und Nachteile.

Die nicht- teilnehmende Beobachtung, um bei der Begrifflichkeit des Themas zu bleiben, hat den Vorteil, dass der Beobachter nicht aktiv in das Sozialverhalten einer Gruppe eingreift. Durch die Tatsache, dass der Beobachter ‚nur' versucht, nach einer bestimmten Thematik Gruppen zu analysieren, macht die nicht- teilnehmende Beobachtung eine direkte Vermerkung der Situation möglich, die „sekundenschnell hochstrukturierte Aufzeichnungen" (Atteslander 2008: 86) umfassen können. Die mit der nicht- teilnehmenden Beobachtung suggerierte relativ höhere Objektivität (im Vergleich zur teilnehmenden Beobachtung), hat dabei jedoch den Nachteil, dass der „passiv teilnehmende Beobachter [...] sich nicht in die Lebenswelt der Untersuchungspersonen versetzen und deren Verhalten nachvollziehen" (Atteslander 2008: 86) können.

Im Gegensatz dazu steht die aktive, teilnehmende Beobachtung, bei der häufig die Eindrücke nicht direkt festgehalten werden können, die Frage der Beeinflussung ungeklärt bleibt und eine gewisse Subjektivität nicht abgesprochen werden kann. Dennoch gibt es wesentliche Gründe, eine solche Form der Beobachtung zu wählen. Dabei steht die Hoffnung des Forschers im Mittelpunkt, „mehr Informationen über das ‚Innenleben' " (Burzan 2005: 79) des beobachteten Objektes zu erlangen.

Bei der Erforschung fremder Kulturen und Gebräuche ist es beispielsweise zwingend notwendig, als Forscher zumindest für einen gewissen Zeitraum Teil dieser zu beobachteten Gruppe zu werden, um den Alltag dieser auch in der Gänze beschreiben zu können. Als ein Beispiel für eine sinnvolle und notwendige teilnehmende Beobachtung nennt Sumaski den Enthüllungsjournalisten Günther Wallraff, der durch seine Tarnungen hinter die Kulissen von Altersheimen und Gefängnissen gucken kann und somit ein anderes und neues Bild auf die Wirklichkeit geschaffen hat (vgl. Sumaski 1977: 53). Dabei muss vermerkt werden, dass Wallraff nicht unter den bereits festgelegten wissenschaftlichen Kriterien ermittelt hat (vgl. Häder 2006: 298), dennoch stellt er in diesem Zusammenhang ein gutes Beispiel für sinnvolle teilnehmende Beobachtung da.

Zusammenfassend lassen sich nach Jorgensen und Greve/ Wentura vier Vorteile einer teilnehmenden Beobachtung festhalten:

1. Die Erwartungen von wesentliche Unterschiede zwischen ‚In- und Outsidern‘ (z.B. Hooligans);
2. Das untersuchte Phänomen unbekannt ist;
3. Das zu beobachtende Phänomen normalerweise verborgen ist (z.B. bei religiösen Sekten);
4. Die zu beobachteten Phänomene systematisch versteckt werden, (z.B. Mafia) (vgl. Greve/ Wentura 1991: 21)

Folgende Probleme bei der teilnehmenden Beobachtung lassen sich jedoch nicht von der Hand weisen und müssen berücksichtig werden:

1. Beeinflussung des beobachteten Objektes durch Tätigkeit des Beobachters innerhalb der Gruppe, Doppelrolle des beobachtenden Forschers und des sozial agierenden Menschen (Greve/ Wentura 1991: 22);
2. „Distanzverlust des Beobachters gegenüber den Beobachtungsobjekten" (Häder 2006: 301) im Verlaufe des „nicht reflektiertes going native" (Atteslander 2008: 86);
3. Protokollieren während des Beobachtungsprozesses schwierig; „retrospektiv[e]" (Greve/ Wentura 1991: 22) Anfertigung von Aufzeichnungen sind jedoch notwendig, um Detailles nicht zu verlieren (vgl. Seipel/ Rieker 2003: 160).
4. Akzeptanz und Integration in die jeweilig beobachtete Gruppe notwendig

3. Fazit

Der Stellenwert der Beobachtung innerhalb der empirischen Methoden ist im Gegensatz beispielsweise zur Befragung gering. Durch die Vielzahl der Aspekte, die bei einer wissenschaftlichen Beobachtung berücksichtigt werden müssen, ist sie in einer korrekten Durchführung sehr aufwendig. Dennoch sollte man der Beobachtung einen bedeutenden Platz innerhalb der empirischen Methoden zuweisen. Erkenntnisse aus dem sozialen Leben von Menschen lassen sich nicht ausschließlich durch Befragungen ziehen. Es ist vielmehr auch notwendig, die Mimik, Gestik sowie den sozialen, räumlichen und zeitlichen Rahmen einer wissenschaftlichen Untersuchung zu berücksichtigen, um Aussagen und Phänomene in diesen Kontext einordnen zu können. Dabei kann eine sorgfältig vorbereitete und aufmerksam durchgeführte Beobachtung von großem Nutzen sein.

Es ist jedoch notwendig, die jeweils für den Beobachtungszweck zweckmäßige Beobachtungsform auszuwählen. Durch die Vielzahl von unterschiedlichen Formen (die in der Gänze hier nicht darstellbar waren) fällt dieser Auswahl ein bedeutender Einfluss zu, da sie schlussendlich mitentscheidend für die Prüfungsergebnisse ist.

Bei der Interpretation der Ergebnisse müssen immer auch die Probleme der wissenschaftlichen Beobachtung herangeführt werden, um diese nicht außer Acht zu lassen. Besonders der selektiven Wahrnehmung und der Teilnahme des Beobachters kommt dabei eine besondere Rolle zu.

Trotz der hier nochmal in Kürze dargestellten Probleme bei einer Beobachtung ist die zielgerichtete Durchführung dieser für viele sozialwissenschaftlichen und auch für wirtschaftsgeographische Forschungsgebiete sinnvoll und zweckmäßig.

Literaturverzeichnis

Atteslander, P. (1975): Methoden der empirischen Sozialforschung. Berlin:Walter de Gruyten & Co. .

Atteslander, P. (2008):Methoden der empirischen Sozialforschung- 12. Auflage. Berlin: Erich Schmidt Verlag GmbH & Co. .

Burzan, N. (2005): Quantitative Methoden der Kulturwissenschaften. Konstanz: UVK Verlagsgesellschaft mbH.

Greve, W. / Wentura, D. (1991): Wissenschaftliche Beobachtung in der Psychologie- Eine Einführung. München: Quintessenz Verlag- GmbH.

Häder, M. (2006): Empirische Sozialforschung- Eine Einführung. Wiesbaden: VS Verlag für Sozialwissenschaften.

Kromrey, H. (2000): Empirische Sozialforschung- 9. Auflage. Opladen: Leske + Budrich.

Lamnek, S. (1995³): Qualitative Sozialforschung- Band 2: Methoden und Techniken. Weinheim: Psychologie Verlags Union.

Schnell, R./ Hill, P. B./ Esser, E. (2005): Methoden der empirischen Sozialforschung- 7. Auflage. München: Oldenbourg Wissenschaftsverlag GmbH.

Seipel, C./ Rieker, P. (2003): Integrative Sozialforschung- Konzepte und Methoden der qualitativen und quantitativen empirischen Forschung. Weinheim/ München: Juventa Verlag.

Sumaski, W. (1977): Systematische Beobachtung: Grundlagen einer empirischen Methode. Hildesheim: Georg Olms Verlag (= Hildesheimer Beiträge zu den Erziehungs- und Sozialwissenschaften 5).